哈哈哈！有趣的动物（第三辑）

冰天雪地里的动物

〔法〕蒂埃里·德迪厄 著

大南南 译

CⅡS 湖南教育出版社

·长沙·

为了御寒，海象有一层厚厚的脂肪。而我穿了5件针织衫、3件衬衫、1件高领套衫、2件毛衣，还有1件皮质羽绒服，可我还是很冷！

我知道为什么很少有人住在北极熊的家乡了。

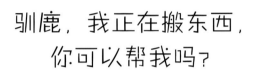

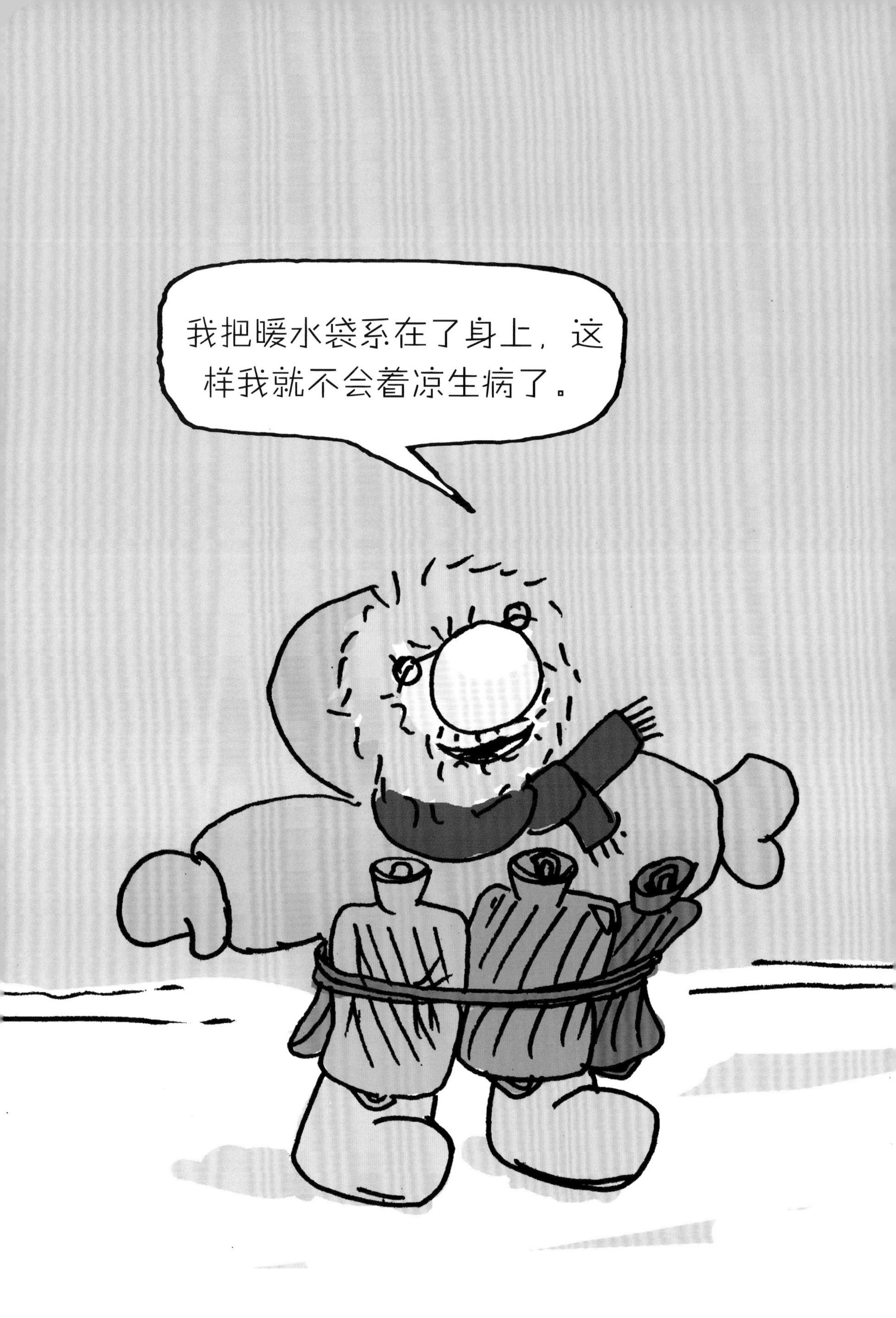
我把暖水袋系在了身上，这样我就不会着凉生病了。

如何带着一岁的孩子读

《哈哈哈！
有趣的动物》

一岁的孩子就能读科普书？

没错，因为这是永田达爷爷特别为低龄小朋友准备的启蒙科普书。家长们会发现，这本书的文字量很少，画面传递的信息非常精简，但是非常有趣，特别适合爸爸妈妈跟孩子进行亲子阅读。

赶紧和孩子一起打开这本《冰天雪地里的动物》，跟着永田达爷爷一起来观察吧！

翻开书之前，可以问一问孩子喜欢下雪吗，知不知道有什么动物是一直生活在冰天雪地里的。带孩子读完书之后，问一问他，这些动物能够生活在这么寒冷的地方，有一个共同的特点，是什么呢？请孩子回忆一下，这里面有几种动物是白色的？白色的皮毛有什么好处呢？有一种动物能在岩石间跳来跳去，它是谁？还有一种动物，它能在雪地里拉雪橇搬运货物，它又是谁？

图书在版编目（CIP）数据

哈哈哈！有趣的动物. 第三辑. 冰天雪地里的动物 /（法）蒂埃里·德迪厄著；大南南译. —长沙：湖南教育出版社，2022.11
ISBN 978-7-5539-9286-0

Ⅰ.①哈… Ⅱ.①蒂… ②大… Ⅲ.①动物－儿童读物 Ⅳ.①Q95-49

中国版本图书馆CIP数据核字〔2022〕第190674号

First published in France under the title:
Des bêtes qui se gèlent les fesses
Tatsu Nagata
© Éditions du Seuil, 2008
著作权合同登记号：18-2022-215

HAHAHA! YOUQU DE DONGWU DI-SAN JI BINGTIAN-XUEDI LI DE DONGWU
哈哈哈！有趣的动物 第三辑　冰天雪地里的动物

责任编辑：姚晶晶　陈慧娜　李静茹
责任校对：王怀玉
封面设计：熊　婷
出版发行：湖南教育出版社（长沙市韶山北路443号）
电子邮箱：hnjycbs@sina.com
客服电话：0731-85486979
经　　销：湖南省新华书店
印　　刷：长沙新湘诚印刷有限公司
开　　本：787 mm×1092 mm　1/16
印　　张：1.75
字　　数：10千字
版　　次：2022年11月第1版
印　　次：2022年11月第1次印刷
书　　号：ISBN 978-7-5539-9286-0
定　　价：95.00 元（共5册）

本书若有印刷、装订错误，可向承印厂调换。